Hausinstallation einer Photovoltaikanlage für das Laden von elektronischen Kraftfahrzeugen

Michael Stern

Bibliografische Information der Deutschen Nationalbibliothek:

Die Deutsche Nationalbibliothek verzeichnet diese Publikation in der Deutschen Nationalbibliografie; detaillierte bibliografische Daten sind im Internet über http://dnb.d-nb.de abrufbar.

ISBN: 9783346680082
Dieses Buch ist auch als E-Book erhältlich.

© GRIN Publishing GmbH
Trappentreustraße 1
80339 München

Druck und Bindung: Books on Demand GmbH, Norderstedt Germany
Gedruckt auf säurefreiem Papier aus verantwortungsvollen Quellen

Das Buch bei GRIN: https://www.grin.com/document/1243331

Hausarbeit

über das Thema

Erweiterung einer standardisierten elektrischen Hausinstallation mit einer Photovoltaikanlage für elektronische Kraftfahrzeuge

Inhaltsverzeichnis

Darstellungsverzeichnis

Abkürzungsverzeichnis

Ah	Amperestunde
BAFA	Bundesamt für Wirtschaft und Ausfuhrkontrolle
BDEW	Bundesverband der Energie- und Wasserwirtschaft e.V.
BNetzA	Bundesnetzagentur
EEG	Gesetz zur Einführung von Ausschreibungen für Strom aus erneuerbaren Energien und zu weiteren Änderungen des Rechts der erneuerbaren Energien
EVU	Energieversorgungsunternehmen
HAK	Hausanschlusskasten
KfW	Kreditanstalt für Wiederaufbau
Kfz	Kraftfahrzeug
kW	Kilowatt
kWh	Kilowattstunden
kWp	Kilowatt Peak
VDE	Verband der Elektrotechnik Elektronik Informationstechnik e.V.
PVA	Photovoltaikanlage

1   Einleitung

Ziel der vorliegenden Hausarbeit soll es sein, herauszufinden, ab wann sich eine Erweiterung der elektrischen Installation und die Anschaffung eines Elektroautos für den täglichen Bedarf amortisiert. Diese Fragestellung wird bei vielen Besitzern - oder zukünftigen Besitzern - eines Einfamilienhauses in naher Zukunft aufkommen. Sie ist nicht nur aus ökonomischer Sicht interessant, sondern auch aus ökologischer. Für die wissenschaftliche Arbeit werden folgende Annahmen getätigt: Das Elektroauto wird für den täglichen Pendelverkehr von zu Hause zur Arbeit benötigt und die Erweiterung der Hausinstallation durch eine Photovoltaikanlage (PVA) entspricht dem Standard des Verbands der Elektrotechnik Elektronik Informationstechnik e.V. (VDE).

Für die Hausarbeit nehmen wir folgendes Szenario an: Das Einfamilienhaus befindet sich in Norddeutschland, das Dach ist nach Süden mit dem optimalen Neigungswinkel von 30° ausgerichtet und ein durchschnittlicher Stromverbrauch für zwei Erwachsene und zwei Kinder. Die pendelnde Person arbeitet wochentags, tagsüber in einem Unternehmen, welches 60 Kilometer (einfache Strecke) von zu Hause entfernt ist. Daraus ergibt sich für die Hausarbeit die Hypothese, die monatlichen Benzinkosten mit der Anschaffung eines Elektroautos und einer PVA zu senken. Dies führt zur folgenden Leitfrage:

Lohnt es sich finanziell die elektrische Hausinstallation mit einer Photovoltaikanlage für das Laden eines Elektroautos zu erweitern?

2   Begrifflichkeiten

Nach der Erörterung des gegebenen Beispiels müssen die zentralen Begriffe innerhalb der Fragestellung für das Thema definiert werden:

- Standardisierte elektronische Hausinstallation nach VDE (vgl. VDE 2016). Im vorgegebenen Szenario der Ausgangssituation wird grundsätzlich davon ausgegangen, dass die elektrische Hausinstallation nach sämtlichen gültigen veröffentlichten Normen der VDE durchgeführt worden ist.
- Eine Photovoltaikanlage oder der PV-Generator erzeugt durch das Bestrahlen der Oberfläche mit Sonnenenergie elektrischen Strom. Konrad Mertens beschrieb den Vorgang folgendermaßen:

"Eindringende Photonen werden absorbiert und erzeugen freie Elektron-Loch-Paare. Diese wiederum werden vom in der Raumladungszone herrschenden elektrischen Feld getrennt und „nach Hause gebracht": Die Elektronen zur n-Seite und die Löcher zur p-Seite. [...] An den Kontakten kann nun der erzeugte Strom abgenommen werden" (Mertens 2015, S. 88).

- Die Definition für ein Elektroauto wird im Fachbuch so definiert: „[...], wenn der mechanische Antriebsstrang mit Verbrennungsmotor durch einen Antriebsstrang mit Elektromotor ersetzt wird" (Karle 2015, S. 18). Das Bundesministerium für Umwelt, Naturschutz, Bau und Reaktorsicherheit (BMUB) führte die Definition differenzierter aus:

"Reine Elektrofahrzeuge sind ausschließlich mit einem Elektromotor ausgestattet und erhalten ihre Energie aus einer Batterie im Fahrzeug, die ihrerseits über das Stromnetz aufgeladen wird. Die Batterie kann zurückgewonnene Bremsenergie speichern (Rekuperation)" (BMUB 2016).

3   Erweiterung der Hausinstallation

In Kapitel zwei werden die technischen Komponenten zur Umsetzung der Erweiterung einer PVA mit Kfz-Ladestation erläutert. Zunächst wird auf die vorhandene elektrische Anlage eingegangen, dann auf die PVA sowie auf den Wechselrichter, den Fehlstrom- und Leitungsschutzschalter. Darüber hinaus werden der Batteriespeicher und die Kfz-Ladestation erörtert.

3.1   Vorhandene elektrische Anlage

Energieversorgungsunternehmen beliefern die Kunden mit der Netzform des TN-C-System. Die vorhandene elektrische Anlage besteht aus einen Hausanschlusskasten, der in das TN-S-System überführt wird. Dies bedeutet, dass der gebündelte PEN-Leiter im TN-C-System ab dem Hausanschlusskasten in den Neutralleiter und den PE Leiter aufgeteilt wird (vgl. Merten 2013, S.32, TN-C-System zu TN-S-System). „Gemäß VDE 0100-444 ist seit dem 01.05.2013 die Einspeisung in neu zu errichtende Gebäude ein TN-S-System aufzubauen" (Merten 2013, S. 32).

Das fiktive Einfamilienhaus ist unterkellert und besitzt im Untergeschoss ebenfalls eine Garage, in dem das E-Auto geladen werden soll. Die PVA soll auf dem Dach montiert werden und die Entfernung zu dem Raum, in dem sich der HAK befindet, beträgt 15 Meter. Die vorhandenen Leitungen sind für die üblichen Verbraucher (Lampen) mit NYM-J 3x1,5 (N: Normenleitung,

Y: Isolierung der Adern, M: Mantelleitung, J: Schutzleiter, 3: Anzahl der Adern, 1,5: Querschnitt in mm²) angeschlossen worden. Der Elektroherd benötigt eine Leitung des Typs NYM-J 5x4, da dieser mit drei Phasen angeschlossen ist. Sämtliche Steckdosen wurden vorsorglich mit größeren Leitungsquerschnitten des Typs NYM-J 3x2,5 bedacht, damit auch stärkere Verbraucher, wie z.B. Waschmaschine oder Trockner, berücksichtigt sind.

3.2 Installation einer PVA

Als Erstes muss die Hausinstallation mit einer PVA erweitert werden. Es soll nicht nur die technische Möglichkeit bestehen, ein Elektroauto aufzuladen, sondern die benötigte Energie für das Kraftfahrzeug soll möglichst selbst erzeugt werden. Grundsätzlich ist hier zwischen einer Insellösung (autarkes Stromnetz) und einer Lösung zur Einspeisung des überschüssig erzeugten Stroms, um diesen zu vergüten, zu unterscheiden. Die Insellösung wird im weiteren Verlauf nicht weiter betrachtet, da der Batteriespeicher nur eine begrenzte Kapazität hat und der damit überschüssig erzeugte Strom vergütet werden soll. Als Beispiel soll hier ein Elektroauto aus 2016 dienen, dessen Batterie mit 94 Ah eine Kapazität von 33 kWh besitzt. Daraus resultiert, dass die PVA im günstigsten Fall mindestens die jährlich zu verbrauchender durchschnittlicher Leistung produzieren sollte, um die effektivste Nutzung der Solarenergie und der Preis-/ Leistung zu erzielen. Der durchschnittliche Verbrauch eines 4-Personen-Haushalts liegt bei ca. 4.000 kWh /Jahr (vgl. co2online gGmbH 2016).

Beim klassischen Anschluss einer PVA wird der produzierte Strom direkt ins elektrische Netz eingespeist. Auf Mertens Abbildung (Mertens 2015, S. 194, Klassischer Anschluss Photovoltaikanlage) wird erkannt, dass der erzeugte Solarstrom (Gleichspannung) über den Wechselrichter in die erforderliche Wechselspannung angepasst wird. Dieses Konzept wurde in der Vergangenheit oft installiert. Seitdem jedoch die Vergütungssätze des EEG pro kWh bei 12,31 Cent (vgl. BNetzA 2016) und somit niedriger als die durchschnittlichen Stromkosten von 28,73 Cent pro kWh sind (vgl. BDEW 2016, S. 7), sollte der erzeugte Strom durch die PVA selbst genutzt werden. Aus diesem Grund hat sich folgende Form bei neueren Installationen durchgesetzt: „Photovoltaikanlage mit Zweirichtungszähler" (Mertens 2015, S.194). Darauf ist gut erkennbar, dass der Zweirichtungszähler hinter der Abnahme des selbst erzeugten Stroms installiert ist. Nun kann der Solarstrom zum Eigenverbrauch genutzt werden und der nicht genutzte Strom, wird ins Netz eingespeist und durch das EEG vergütet. Dies bedeutet, dass der erzeugende Haushalt doppelt profitiert, denn beide Vorteile partizipieren miteinander, da durch die Einspeisung und der Eigenverbrauch die jährlichen Gesamtstromkosten stark reduziert werden.

3.3 Wechselrichter

"Wechselrichter dienen der Anpassung der PV-Generator- oder Batteriegleichspannung an die Nenn-Wechselspannung der Verbraucher" (Wagner 2006, S. 102). Ein Wechselrichter soll die erzeugte Gleichspannung der PVA in Wechselspannung für das elektrische Stromnetz transformieren. Die elektrische Netzfrequenz ist auf 50 Herz ausgelegt und schwingt in einer Sinuskurve. Hauptaufgabe ist die synchronisierte Einspeisung des selbst erzeugten Solarstroms. Der Sinus Wechselrichter bildet die im Stromnetz vorhandene Netzspannung am besten nach und ist besser für PVA geeignet als z.B. der Rechteck/Trapez Wechselrichter. Dieser bildet einen sinusähnlichen Verlauf nach, hat aber auf Grund dessen nicht die gleiche Leistung eines Sinus Wechselrichters (vgl. Wagner 2006, S. 102 ff.).

Wichtig ist die Dimensionierung der Photovoltaikanlage und des Wechselrichters, da nur dann ein maximaler Ertrag erbracht werden kann, wenn PV-Generator und Wechselrichter optimal aufeinander abgestimmt sind. Ein Wechselrichter, der eine Eingangsleistung von zwei kW hat, kann die fünf kWp Photovoltaikanlage nicht ohne Verluste verarbeiten. Ebenso muss die erzeugte Stromstärke und Spannung der PVA berücksichtigt werden (vgl. Mertens 2015, S. 207 ff).

3.4 Fehlerstrom- und Leitungsschutzschalter

Bei einer Ladestation für ein Elektroauto sind besondere Bestimmungen zu beachten. Unter anderem ist der Ladestromkreis vom normalen Stromkreis zu trennen und extra durch ein Fehlerstromschalter und Leitungsschutzschalter abzusichern (vgl. VDE 2016).

Innerhalb des Fehlerstromschutzschalters ist eine Spule, die den Eingangs- und Ausgangsstrom überwacht. Solange beide Ströme gleich groß sind, hebt sich das magnetische Feld auf. Sollten die Ströme unterschiedlich groß sein, indiziert ein Magnetfeld und erzeugt eine Spannung, die das Abschaltrelais auslöst. Die Stromkreise werden voneinander getrennt (vgl. Tkotz, Bastian 2009, 336 ff.).

Der Leitungsschutzschalter (umgangssprachlich: Sicherung), soll die Leitung vor Überhitzung und Kurzschlüssen schützen. Wenn ein zu starker Strom über die Leitung fließt, löst der

Leitungsschutzschalter aus, indem das darin gelagerte Bimetall durch zu viel Wärme verbiegt. Dies ist die thermische Auslösung. Sollte innerhalb des Ladestromkreises ein Kurzschluss entstehen, löst der Schalter durch die darin befindliche Spule aus. Hier entsteht (ähnlich wie beim Fehlerstromschalter) ein Magnetfeld, welches den Auslösemechanismus betätigt. Der Schalter kann auch manuell ausgelöst werden, um die Leitung beispielsweise zu warten. Eine weitere Möglichkeit ist die Freiauslösung, die nicht beeinflusst werden kann durch z.B. festhalten. Sie garantiert, dass der Leitungsschutzschalter seine Hauptfunktion wahrnehmen kann und bei einem Kurzschluss die Stromkreise voneinander trennt.

3.5   Speicherung des Solarstroms

Hier soll daran erinnert werden, dass die Ladung des Elektroautos - zumindest in der Woche - in der Nacht durchgeführt wird, da die pendelnde Person tagsüber arbeitet. Dies bedeutet, dass eine direkte Nutzung des erzeugten Solarstroms für das Elektroauto tagsüber nicht möglich ist. Die Folge wäre, dass der tagsüber überschüssig erzeugte Strom ins Stromnetz eingespeist- und nachts teurerer Strom durch den Energieversorger bezogen werden würde. Eine effizientere Lösung wäre eine Möglichkeit zur Speicherung des erzeugten Stroms. Es wird hier die Speichermöglichkeit mit der bewährten Technik Lithium-Ionen betrachtet. Die wesentlichen Vorteile diese Technik gegenüber anderen Speichermöglichkeiten wie Blei-Säure/Blei-Gel, Natrium-Schwefel oder Redox-Flow Batterien liegen vor allem im Bereich der hohen Zyklen-Lebensdauer und dem hohen Energiewirkungsgrad von über 90 Prozent. Die geringe Selbstentladung spielt ebenfalls eine Rolle. Die Nachteile sollen der Vollständigkeit halber ebenfalls genannt werden: Die Technologie ist teurer als andere Technologien und es muss eine ständige Ladeüberwachung durchgeführt werden (vgl. Mertens 2015, S. 242).

Die Abbildung „Lastprofil 5 kWp mit 2kWh Speicher" (SMA AG 2016) zeigt die ausgedehnte Nutzbarkeit mit Hilfe eines Energiespeichers des erzeugten Solarstroms über die Effektivzeit der Sonne hinaus, so dass der selbst produzierten Strom bestmöglich verwenden werden kann.

3.6   Kfz-Ladestation

Das ausgesuchte Elektroauto kann an jeder Steckdose geladen werden. Nach Angaben des Herstellers dauert die Aufladung mit einer handelsüblichen Steckdose (2,3 kW) über sieben Stunden. Im Vergleich dauert das Aufladen mit einer speziellen Kfz-Ladestation mit 11 kW knapp über zwei Stunden. Die Überlegung eine Ladestation mit zu installieren ist durchaus sinnvoll, da das Elektroauto auch unter der Woche oder am Wochenende genutzt wird. Die Reduzierung der Ladedauer ist ein weiterer positiver Effekt für die Anschaffung eines Elektroautos. Ladestationen mit 22 kW reduzieren die Ladung auf eine knappe Stunde und sind somit äußerst effektiv.

4   Konzepte von Energieversorgern und Energieberater

Viele großen Energieversorger bis hin zu unabhängigen Energieberatern bieten für diese Ideen bereits Konzepte an. In diesem Kapitel sollen vier Konzepte genauer betrachtet, ausgewertet und gegenübergestellt werden.

Der benötigte Strom für das Elektroauto muss dazu berechnet werden. Wird davon ausgegangen, dass die pendelnde Person einen Beruf ausübt, bei dem von Montag bis Freitag gearbeitet werden muss, bedeutet dies, dass die Strecke pro Woche fünf Mal zurückgelegt werden muss. Die folgenden Rechnungen sollen die benötigte Anzahl an kWh für das Elektroauto für den Pendelweg zur Arbeit ermitteln. Ermittlung der benötigten Kilometer:

*60 (Km/Fahrt) * 2 * 20 (Arbeitstage/Monat) = 2400 (Kilometer/Woche)*

Das gewählte Elektroauto (94 Ah) benötigt pro 100 Km 12,6 kWh. Daraus ergibt sich ein durchschnittlich täglicher Verbrauch von 15,12 kWh und ein durchschnittlich monatlicher Verbrauch von 302,4 kWh für das tägliche Pendeln zur Arbeit. Ein üblicher Arbeitsmonat hat ungefähr 20 Arbeitstage. Auf das Jahr gerechnet benötigt das Auto (94 Ah) für den Arbeitsweg mit einer Strecke von 60 Kilometern ca. <u>3628,8 kWh</u>.

Es wird daher eine Photovoltaikanlage benötigt, die pro Tag ungefähr 30 kWh produziert und einen Großteil davon speichert, da das Elektroauto nachts geladen wird. Die 4.000 kWh Haushaltsstrombedarf werden mit angegeben bei der Größenberechnung der Photovoltaikanlage. Die Leistung einer PVA werden stets in kWp angegeben. Es wird mit dem Wert von 1000 kWh pro kWp pro Jahr gerechnet (vgl. Münch GmbH 2016). Zusammengefasst bedeutet dies für die Ausgangssituation, dass eine PVA, die einen Stromverbrauch von ca. 7600 kWh pro Jahr erzeugt, benötigt wird.

Hinweis zu den Vergleichen: Die Erstellung von Angeboten findet bei allen Anbietern auf den Internetseiten direkt statt. Als Berechnungsgrundlage wurden immer folgende Werte eingegeben:

- Benötigte kWh pro Jahr: 7600
- Dach: 30 Grad Neigung, Ausrichtung nach Süden
- inkl. Batteriespeicher

4.1 Anbieter 1

Das Energieversorgungsunternehmen betreibt für erneuerbare Energien eine Tochterfirma, diese berechnet die jährlichen Stromkosten inkl. Strompreisentwicklung ohne PVA von 2.414,59 Euro und mit der PVA ca. 762,84 Euro. Das ist ein Einsparpotenzial von 68,4 Prozent. Die Kosten dieser Photovoltaikanlage betragen 14.456,72 Euro. Der Batteriespeicher von 10 kWh muss separat erworben werden. Die Anschaffungskosten betragen 19.111,00 Euro. Der Vorteil mit diesem Batteriespeicher ist nach Berechnungen selbst sehr gering. So würden bis zum Jahr 2036 aufsummiert 2.653,00 Euro gegenüber der Photovoltaikanlage ohne Batteriespeicher eingespart werden. Ein hauseigenes Angebot für eine Kfz-Ladestation wird momentan nicht angeboten.

4.2 Anbieter 2

Der Anbieter produziert nachhaltigen Strom aus erneuerbaren Energien und bietet ein eigenes Konzept einer Photovoltaikanlage. Die Kosten der Anlage liegen bei 12.696,23 Euro. Der Anbieter gibt die jährliche Einsparleistung mit 1.420,04 Euro an. Wie bei Anbieter 1 muss ebenfalls der Batteriespeicher separat erworben werden. Es fällt jedoch auf, dass dieser mit der gleichen Leistung von 10 kWh um fast 5.000 Euro günstiger ist und somit 14.140 Euro kostet. Anbieter 2 bietet eine eigene Kfz-Ladestation, bis zu 11 Kilowatt für 678,00 Euro an. Zusätzlich muss kein Kfz-Ladekabel vom Typ 2 gekauft werden, da es bereits integriert ist. Der Fehlerstromschutzschalter (FI/RCD) wird in diesem Angebot nicht mit aufgelistet und muss daher separat erworben werden.

4.3 Anbieter 3

Das unabhängige Energieberatungsunternehmen bietet für die Neuinstallation einer PVA mit 10 kWh Batteriespeicher für insgesamt 25.516,00 Euro an. Diese unterteilen sich in 11.284,00

Euro für die PVA und 16.107,00 Euro für den 10 kWh Batteriespeicher. Darüber hinaus erlässt der Anbieter für die erste Bestellung als Neukunde 1.875,00 Euro als Rabatt. Es fehlen bei diesem Angebot jedoch die Installationskosten, die separat hinzuzurechnen sind. Eine Kfz-Ladestation wird nicht angeboten. Das Partnerunternehmen des Anbieters hat sich auf Kfz-Ladestationen spezialisiert und bietet eine Lösung für 1.199,00 Euro mit 22 Kilowatt an. Zusätzlich kann der Fehlerstromschutzschalter ebenfalls für 299,00 Euro erworben werden. Das Kfz-Ladekabel ist bei dieser Lösung integriert.

4.4   Anbieter 4

Als dritter großer Stromanbieter bietet Anbieter 4 ebenfalls eine eigene PVA inkl. Batteriespeicher an. Diese kostet 11.625,00 Euro. Der Batteriespeicher kostet 5.400,00 Euro. Der Stromspeicher hat eine Speicherkapazität von 4,4 kWh. Die Erhöhung des Autarkiegrades steigt von 40 Prozent ohne Batteriespeicher auf 53 Prozent mit Batteriespeicher. Die prognostizierte Ersparnis mit dem Energiespeicher beträgt zusätzlich über 300,00 Euro jährlich. Die Ladestation kann für 827,00 Euro erworben werden und hat eine Leistung von 11 Kilowatt. Der benutzte Fehlerstromschutzschalter kostet 423,64 Euro.

5   Vergleich der Konzepte

In diesem Kapitel werden die vorliegenden Angebote auf Grund der beiden Faktoren Kosten (unterteilt in Installations- und variable Kosten) und der Amortisationszeit vergleichen. Flankierend wird auf den Autarkiegrad eingegangen. Diese Faktoren wurden gewählt, da diese die grundlegende wissenschaftliche Fragestellung (siehe Kapitel 1) am ehesten beantworten können. Anschließend erfolgt in Kapitel 6 das Fazit sowie die Handlungsempfehlungen.

5.1   Kostenvergleich

5.1.1   Installationskosten

Tabelle 1 zeigt eine Übersicht der entstehenden Fixkosten der unterschiedlichen Angebote der Anbieter für eine PVA inklusive Ladestation. Anbieter 1 kalkuliert die Installationskosten in Höhe von 34.895,76 Euro. Die Ladestation und der Fehlerstromschutzschalter sind nicht von Anbieter 1. Die Ladestation ist direkt vom Fahrzeughersteller des Elektroautos mit 22 Kilowatt und der Fehlerstromschutzschalter wird von Anbieter 4 übernommen. Anbieter 2 bietet eine hausinterne Lösung für 27.937,87 Euro an. Lediglich der Fehlerstromschutzschalter in Höhe von 423,64 Euro muss hier extra erworben werden. Eine eigene komplette Lösung bieten die beiden letzten Anbieter in Höhe von 28.889,00 Euro (Anbieter 3) und Anbieter 4 in Höhe von 23.675,64 Euro an.

Tabelle 1: Kostenvergleich

	Kosten in Euro				
	PVA	Speicher	Kfz-Ladestation	Schutzschalter	Gesamt
Anbieter 1	14.456,72	19.111,00	904,40 (Hersteller E-Auto)	423,64 (Anbieter 4)	**34.895,76**
Anbieter 2	12.696,23	14.140,00	678,00	423,64 (Anbieter 4)	**27.937,87**
Anbieter 3	11.284,00	16.107,00	1.199,00	299,00	**28.889,00**
Anbieter 4	11.625,00	10.800,00	827,00	423,64	**23.675,64**

Es wird deutlich, dass Anbieter 4 mit Abstand der kostengünstigste Anbieter im Vergleich ist. Es muss jedoch darauf hingewiesen werden, dass keine 10 kWh Speicherbatterie im Angebot verwendet, sondern eine mit 4,4 kWh. Der Batteriespeicher kann von Anbieter 4 verdoppelt werden, so dass dann eine Speicherkapazität von 8,8 kWh vorhanden ist. Die Kosten wurden im Bereich Speicher äquivalent verdoppelt. Die Kosten zur Installation der PVA durch Anbieter 3 fehlen, sodass der Angebotspreis nicht vollständig ist.

Abschließend soll für das Thema Installationskosten kurz auf die Förderung der Bundesregierung für erneuerbare Energien über die Kreditanstalt für Wiederaufbau (KfW) und dem Bundesamt für Wirtschaft und Ausfuhrkontrolle (BAFA) eingegangen werden. Die KfW bietet bei der Finanzierung einer PVA Kostenvorteile durch das Förderprodukt 270 - Erneuerbare Energien - Standard. Mit dem Programm werden Ausgaben zur Errichtung, Erweiterung und Erwerb von Anlagen zur Nutzung erneuerbarer Energien gefördert. Die Zinsen bei dem Programm sind aktuell bei 1%. Darüber hinaus stellt die KfW die komplette Investitionssumme zur Verfügung (vgl. KfW 2016). Flankierend zur Förderung soll der Umweltbonus der Bundesregierung nicht unerwähnt bleiben, dieser bietet für bestimmte neu zugelassene Elektroautos einen Bonus von 4.000,00 Euro, wovon 50 Prozent durch die BAFA und 50 Prozent durch den Automobilhersteller geleistet werden (vgl. BAFA 2017).

5.1.2   Variable Kosten

Die variablen Kosten werden direkt vom Autarkiegrad beeinflusst. Je höher der erreichte Autarkiegrad der PVA, desto geringer sind die variablen Kosten. Die Angaben des Autarkiegrades besagen, wieviel Prozent des benötigten Stroms autonom erzeugt und genutzt werden können. Zum Vergleich: Eine Insellösung muss einen Autarkiegrad von 100% erreichen. Diese prozentuale Angabe ist der elementare Ausgangspunkt zur Berechnung beim späteren Vergleich zwischen Elektroauto und Benzin- / Dieselfahrzeug. Berechnet wird der Autarkiegrad wie folgt:

$$Autarkiegrad\ (\%) = \frac{Verbrauchter\ Solarstrom\ (kWh) * 100}{Gesamtstromverbrauch\ (kWh)}$$

Bei den vorliegenden Vergleichsdaten, haben die Stromanbieter unterschiedliche Autarkiegrade der zu planenden PVA angegeben. Anbieter 1 errechnete ein Autarkiegrad von 68,4 Prozent, Anbieter 2 64 Prozent, Anbieter 3 63 Prozent und Anbieter 4 53 Prozent. Der Mittelwert der vier Angebote liegt bei ca. 62 Prozent.

Der Autarkiegrad beeinflusst die Berechnung der monatlichen Kosten für das Pendeln mit dem Elektroauto (94 Ah). Dazu sollen hier zwei vergleichende Beispiele mit einem Autarkiegrad von 50 Prozent und 60 Prozent angeführt werden. In Kapitel 4 wurde bereits berechnet, dass das Fahrzeug für den täglichen Arbeitsweg 15,12 kWh benötigt. Bei einem Autarkiegrad von 50 Prozent, können durch die eigene Stromproduktion 7,56 kWh durch das direkte Aufladen und der Vergütung nach dem EEG erwirtschaftet werden. Die übrigen 7,56 kWh müssen vom Energieversorgungsunternehmen bezogen werden. Werden diese mit dem durchschnittlichen Strompreis von 28,73 Cent pro kWh berechnet, kostet der tägliche Arbeitsweg für Hin- und Rückfahrt <u>2,17 Euro</u> mit dem Elektroauto.

Der durchschnittliche Liter Benzinpreis lag im Jahre 2016 bei 1,27 Euro und der Dieselpreis bei 1,06 Euro (vgl. ADAC 2016). Werden diese Referenzwerte mit einem aktuellen Benzin / Diesel Fahrzeug verglichen, so kostet ein handelsübliches Fahrzeug für die tägliche Pendelstrecke folgendes:

Benzin: *4,8 (Liter/100km) * 1,27 (Euro/Liter) * 1,2 (Fahrstrecke) = 7,32 Euro*

Diesel: *4,1 (Liter/100km) * 1,06 (Euro/Liter) * 1,2 (Fahrstrecke) = 5,22 Euro*

Beim Vergleich der Kosten miteinander wird deutlich, dass die täglichen Kosten mit dem Benzinauto um rund 337 Prozent und mit dem Dieselauto rund 240 Prozent teurer sind als mit dem Elektroauto.

Bei einer Steigerung des Autarkiegrades um 10 Prozent können 9,072 kWh des Elektroautos selbst geladen werden. Folglich müssen 6,048 kWh durch das Versorgungsunternehmen bezogen werden. Resultierend entsteht für das tägliche Pendeln Fahrtkosten von <u>1,73 Euro</u>. Die Ersparnis, bei der Erhöhung des Autarkiegrads um 10 Prozent liegt bei weiteren 0,44 Euro pro Arbeitstag.

Eine PVA produziert, bedingt durch die natürlichen Prozesse wie Sonneneinstrahlung, Wolken und Niederschläge, nicht kontinuierlich gleich viel Strom, so dass davon ausgegangen werden kann, dass 60 Prozent Autarkie an wenigen Tagen in Norddeutschland erreicht werden. Im weiteren Verlauf der Arbeit wird daher von einem Autarkiegrad von 50 Prozent ausgegangen.

5.2   Amortisierung der Photovoltaikanlage

Hier muss unterschieden werden zwischen der Amortisierung durch einzusparende Stromkosten, welche sich durch die Selbstnutzung des erzeugten Stroms und der Einspeisevergütung ergeben und der erweiterten Amortisierung durch die eingesparten Benzinkosten, welche ebenfalls zur Abzahlung der gesamten Anlage genutzt werden können.

5.2.1 Nutzung und Einspeisung des erzeugten Stroms

Anbieter 1 berechnet eine Einsparung ohne Batteriespeicher von 1.651,75 Euro. Mit Batteriespeicher können weitere 120,00 Euro gespart werden. Anbieter 2 errechnet eine jährliche Einsparung von 1.420,04 Euro (jedoch ohne Stromspeicher), dieser kann erst im Nachhinein dem Angebot hinzugefügt werden ohne eine Neuberechnung zu erhalten. Anbieter 4 errechnet eine jährliche Sparleistung von 1.512,00 Euro inkl. dem 4,4 kWh Batteriespeicher. Anbieter 2 hat einen größeren Batteriespeicher als Anbieter 4, so dass davon ausgegangen werden kann, dass bei Anbieter 2 die jährliche Sparleistung der Stromkosten bei ebenfalls mindestens 1.500,00 Euro liegen dürfte. Anbieter 3 errechnet nur den Autarkiegrad und keine jährliche Ersparnis in Euro. Der Mittelwert der Ersparnis aller Angebote liegt pro Jahr bei 1567,93 Euro. Für die Berechnung der Amortisierung wird der Wert von 1.500,00 Euro angenommen.

$$Amortisierung~(Jahre) = \frac{Gesamtkosten~PVA}{1.500,00~Euro~(j\ddot{a}hrliche~Ersparnis)}$$

Die Anlage von Anbieter 1 würde sich nach ca. 23 Jahren, Anbieter 2 nach ca. 18,5 Jahren, Anbieter 3 nach ca. 19 Jahren und Anbieter 4 nach ca. 16 Jahren amortisiert haben. Die errechnete Amortisierung von Anbieter 4 selbst ist niedriger, da im normalen Angebot nur mit einem Stromspeicher gerechnet wurde. Wichtig zu beachten ist, dass dies nur die Amortisierung anhand der Stromerzeugung und der eigenen Nutzung ist.

5.2.2 Einzusparende Benzinkosten

Die eingesparten Benzinkosten durch die Nutzung eines Elektroautos müssen mitberücksichtigt werden. Die pro Tag eingesparten 5,15 Euro für ein Benzin- bzw. 3,05 Euro für ein Dieselfahrzeug (vgl. Kapitel 5.1.2) können zur Sparleistung hinzugerechnet werden:

Benzin: *5,15 Euro * 240 (Arbeitstage) = 1.236,00 Euro*

Diesel: *3,05 Euro * 240 (Arbeitstage) = 732,00 Euro*

Diese zusätzliche Sparleistung auf Grund der Nutzung eines Elektroautos muss mit der Sparleistung der selbst erzeugten Energie summiert werden. Damit wird die Amortisierungszeit der gesamten PVA drastisch reduziert (vgl. Tabelle 2).

Tabelle 2: Amortisierungszeit

	Amortisierungszeit in Jahren (gerundet)		
	Regulär (nur Strom)	zzgl. Benzin	zzgl. Diesel
Anbieter 1	23	12,75	15,50
Anbieter 2	18,50	10	12,50
Anbieter 3	19	10,50	13
Anbieter 4	16	8,50	10,50

6 Resümee und Handlungsempfehlungen

Im Schlusskapitel wird die Ausgangfrage aufgriffen und anhand des durchgeführten Vergleichs beantwortet. Vorab sei darauf hingewiesen, dass viele Werte gerade im Bereich der Solarenergie nur mit Durchschnittswerten angenommen und berechnet werden können. So ist die jährliche erwartete Leistung einer 7,6 kWp Photovoltaikanlage ein Maximalwert, der durch Witterung, sowie Jahres- und Tageszeit bedingt beeinflusst wird. Ebenso sind die Benzin-,

Diesel- und Strompreise Durchschnittswerte, die immer dem Markt unterliegen. Eine kontinuierliche Anpassung ist völlig normal und kann aus diesem Grund nicht vorhergesagt werden.

Die PVA von Anbieter 1 ist im Gegensatz zu den anderen Anlagen zu teuer. Sie besitzt keinen deutlichen Mehrwert für diese Kosten. Die Anlagen von Anbieter 2 und Anbieter 3 bewegen sich im gleichen Leistungsrahmen. Hier darf nicht vergessen werden, dass die Installationskosten bei Anbieter 3 noch nachträglich hinzuaddiert werden müssen. Anbieter 4 bleibt trotz Erhöhung des Speichers auf 8,8 kWh der kostengünstigste Anbieter. Anbieter 1 und Anbieter 3 werden aus den genannten Gründen nicht weiter betrachtet. Die Anlage von Anbieter 2 bietet durch die größere Batteriespeicherung einen Mehrwert. Durch die Möglichkeit, mehr selbst erzeugten Strom zu speichern, muss weniger vom Netzanbieter bezogen werden. Dadurch sind die laufenden Kosten auf längere Sicht niedriger. Die jährliche Einsparleistung wird durch die gesparten Benzin- / Dieselpreise stark erhöht, so dass auch eine etwas teurere Anlage wie die von Anbieter 2 im Gegensatz zu Anbieter 4 angeschafft werden sollte. Eine solch große Photovoltaikanlage innerhalb von zehn respektive zwölfeinhalb Jahren (vgl. Tabelle 2) abzuzahlen ist durchaus sinnvoll, wenn dadurch die kontinuierliche größere Speicherung des eigens erzeugten Stroms gewährleistet werden kann.

Die am Anfang gestellte Frage, ob es sich finanziell lohnt eine elektrische Hausinstallation mit einer PVA, für das Laden eines Elektroautos zu erweitern, lässt sich durch die durchgeführten Berechnungen in Kapitel 5 vollumfänglich mit ja beantworten. Die Stromkosten sind in den letzten Jahren gestiegen und werden dies auch, rückblickend betrachtet, weiterhin tun. Das Produzieren des eigenen „Treibstoffs" für ein Elektroauto ist, auf Grund der Amortisationszeiten und Kosten, sinnvoll. Dazu sollte zukünftig bedacht werden einen noch höheren Autarkiegrad zu erreichen, um ein höheres Einsparpotenzial zu erzielen. Den selbst erzeugten Strom als Treibstoff eines Elektroautos mit Hilfe eines Stromspeichers zu nutzen, ist, nicht nur finanziell lukrativ, sondern in Zeiten von steigender CO_2 Belastung absolut empfehlenswert.

Auch wenn die durchgeführten Rechnungen positiv sind, existieren diverse Indikatoren, die sorgfältig gegeneinander abgewogen werden sollten. Die Anschaffung einer PVA lohnt sich grundsätzlich nur, wenn die Amortisierung innerhalb von 20 Jahren erreicht wird. Die Einspeisevergütung ist auf 20 Jahre festgeschrieben (EEG, §21). Die Reduzierung der Amortisationsdauer durch die Einsparung des Treibstoffs für ein handelsübliches Benzin- oder

Dieselfahrzeug, kann durch die Anschaffung eines Elektroautos begünstigt werden. Hier muss jedoch bedacht werden, dass die Reichweite des Elektroautos und vor allem der Verbrauch entscheidend dazu beitragen, ob das Elektroauto kostengünstiger ist als ein normales Auto. Zusätzlich ist es sinnvoll den aktuellen Stromvertrag zu überprüfen, ob dieser nicht kostengünstiger durch „Nachttarife" oder einen Anbieterwechsel optimiert werden kann. Ebenfalls ist es ratsam, den Arbeitgeber zu befragen, ob eine Möglichkeit bestünde, ein Elektroauto gegen einen Unkostenbeitrag aufzuladen. Manche Arbeitgeber haben heutzutage bestehende Ladestationen, die ebenfalls durch Mitarbeiter genutzt werden können. Auch große Fabriken dürften nach Rücksprache mit dem Arbeitgeber kaum negative Punkte für dieses Vorhaben vorbringen. Gerade bei Großbetrieben, die viel Strom abnehmen, ist die kWh sehr viel günstiger durch Gewerbeverträge als der Strom zu Hause. So könnte das Aufladen des Elektroautos großteilig im Betrieb durchgeführt werden, um den Faktor der variablen Kosten nochmals zu reduzieren. Grundsätzlich sollte der Monat viele Arbeitstage haben und die Person viel pendeln, damit der größtmögliche Nutzen eines Elektroautos geltend gemacht wird.

Im Kapitel 5.1 wurde differenziert auf die Kosten eingegangen und erwähnt, dass die Bundesregierung mit dem Umweltbonus und die KfW ein gutes Angebot für die Anschaffung einer Photovoltaikanlage und eines Elektrofahrzeugs anbieten. Als Hausbesitzer sollte meiner Meinung nach jeder diese Möglichkeiten nutzen und zumindest die Erweiterung einer Photovoltaikanlage präferieren. Die Stromkosten sind in der Vergangenheit ständig gestiegen. Die Investition ist, trotz der nachweislich ständig gesunkenen Einspeisevergütung, mehr als lohnenswert.

Literaturverzeichnis

ADAC: *Benzindurchschnittspreise.* URL https://www.adac.de/infotestrat/tanken-kraftstoffe-und-antrieb/kraftstoffpreise/kraftstoff-durchschnittspreise/. – Aktualisierungsdatum: 2016-12-29

BAFA: *Umweltbonus.* URL http://www.bafa.de/SharedDocs/Downloads/DE/Energie/emob_liste_foerderfaehige_fahrz euge.pdf;jsessionid=0258806DE3E87BCBEE2348431A96E06F.1_cid387?__blob=publica tionFile&v=6 – Überprüfungsdatum 2017-01-08

BDEW: *Strompreisanalyse 2016.* URL https://www.bdew.de/internet.nsf/.../160524_BDEW_Strompreisanalyse_Mai2016.pdf – Überprüfungsdatum 2016-12-27

BMUB: *Fahrzeugkonzepte für Elektroautos.* URL http://www.bmub.bund.de/themen/luft-laerm-verkehr/verkehr/elektromobilitaet/fahrzeugkonzepte-fuer-elektroautos/ – Überprüfungsdatum 2017-01-08

BNETZA: *Degressions- und Vergütungssätze Oktober bis Dezember 2016.* URL https://www.bundesnetzagentur.de/SharedDocs/Downloads/DE/Sachgebiete/Energie/Unter nehmen_Institutionen/ErneuerbareEnergien/Photovoltaik/Datenmeldungen/DegressionsVe rgSaetze_Okt-Dez2016.xls?__blob=publicationFile&v=2 – Überprüfungsdatum 2016-12-27

CO2ONLINE GGMBH: *Klimaschutz zu Hause.* URL http://www.die-stromsparinitiative.de/fileadmin/bilder/Stromspiegel/broschuere/Stromspiegel-2016-web.pdf – Überprüfungsdatum 2017-01-08

KARLE, Anton: *Elektromobilität Grundlagen und Praxis // Elektromobilität : Grundlagen und Praxis.* 1. Aufl. München : Carl Hanser Verlag GmbH und Co. KG; Fachbuchverl. Leipzig im Hanser-Verl., 2015

KFW: *Förderprogramm 270 - Erneuerbare Energien.* URL https://www.kfw.de/Download-Center/F%C3%B6rderprogramme-(Inlandsf%C3%B6rderung)/PDF-Dokumente/6000000178-Merkblatt-270-274.pdf – Überprüfungsdatum 2016-12-29

MERTEN, Joachim: *TAB 2012 – neue technische Anschlussbedingungen.* URL http://www.elektro.net/wp-content/archiv/2012/12/031_DE_23_24_12_EI41.pdf – Überprüfungsdatum 2017-02-01

MERTENS, Konrad: *Photovoltaik Lehrbuch zu Grundlagen, Technologie und Praxis // Photovoltaik : Lehrbuch zu Grundlagen, Technologie und Praxis.* 3. Aufl. // 3., neu bearbeitete und erweiterte Auflage. München : Carl Hanser Verlag GmbH und Co. KG; Fachbuchverlag Leipzig im Carl-Hanser-Verlag, 2015

MÜNCH GMBH: *kWp - Kilowatt Peak.* URL http://www.photovoltaik.org/wissen/kwp – Überprüfungsdatum 2016-12-27

SMA AG: *Haushaltslastprofil.* URL http://www.sma-sunny.com/wp-content/uploads/2012/07/Lastprofil_HomeManager_SmartEnergy_Backup.png – Überprüfungsdatum 2016-12-27

TKOTZ, Klaus ; BASTIAN, Peter: *Fachkunde Elektrotechnik.* 27., überarb. und erw. Aufl., Dr. 1. Haan-Gruiten : Verl. Europa-Lehrmittel Nourney Vollmer, 2009 (Europa-Fachbuchreihe für elektrotechnische Berufe)

VDE: *VDE Bestimmungen.* URL https://www.vde-verlag.de/normen/elekhand.pdf – Überprüfungsdatum 2016-12-26

WAGNER, Andreas: *Photovoltaik Engineering : Handbuch für Planung, Entwicklung und Anwendung.* 2 // 2., bearbeitete Auflage. Berlin, Heidelberg : Springer-Verlag Berlin Heidelberg, 2006 (VDI-Buch)